# 假如动物会吐槽③

［英］索菲·科里根　著绘

朱雯霏　译

GUANGXI NORMAL UNIVERSITY PRESS

广西师范大学出版社

·桂林·

# 目录

# 人类，听着！

你们总在背后对我们动物议论纷纷，我们都听见了！我们还知道，你们给我们冠上了坏名声，说我们可怕、丑陋、怪异、讨厌、恶心、粗鲁……但这些统统不是真的，我们被误解了！

事实上，我们斗牛犬是训练有素的狗，是人类忠诚的伙伴。

我其实是一种蜥蜴，而且相当聪明。哦，别被我惊人的超大体形蒙蔽了，每当需要的时候，我会是一名非常出色的短跑选手。

我们枪乌贼不会无缘无故地喷墨汁，通常我们只是用这种方式来保护自己。它能迷惑敌人，这样我们就能趁机逃命了！

瞧，我们这些"坏"家伙一点儿也**不**坏。我们是被**冤枉**的！

# 我是屎壳郎

你不知道我有多恶心。我打赌你肯定猜不到我最喜欢的东西是……

便便！

是的，你没听错，便便！

如果喜欢便便还不够恶心，再看看我稀奇古怪的角和不停颤动的翅膀吧。

我喜欢搜集便便，越多越好，我把它们滚成大粪球。

# 天哪……

我不想恶心你，但我真的吃便便。不过，我可以向你保证，这事也没那么奇怪——我只是在废物利用。

彼之粪便，吾之蜜糖！

我们屎壳郎有滚粪球的，有在粪球里**打洞**的，还有直接**住在粪堆里**的。粪是我们的万能资源。

不要对我独特的品味抱有偏见，萝卜白菜，各有所爱；也不要对我的角和翅膀品头论足，它们**棒极了**。我想，它们让我看起来很时髦！

除了黑猩猩、兔子，还有狗也吃便便，只有我得了个坏名声，这真不公平！

我要么吃掉粪球，要么在粪球里面产卵——不管怎样，总比浪费了好！

谢谢你帮我清理，朋友！

别客气，哥们儿。

我最了不起的一点是，以我的个头来说，我是地球上最**强壮**的动物！

# 真相：

\* 屎壳郎已经在地球上生存了1亿多年。我们知道这一点，是因为科学家们发现了来自那一时期的巨型粪球化石。

\* 屎壳郎主要有3种：推粪型、地道型、粪居型。推粪型屎壳郎把粪便滚成球，然后推走粪球；地道型屎壳郎在粪球里钻隧道；粪居型屎壳郎直接住在粪堆里！在炎热的沙漠里，屎壳郎还会利用粪球防烫。沙漠里的沙子被太阳烤得炙热，屎壳郎踩在凉凉的粪球上，这样就不怕被沙子烫脚了。

\* 尽管背负了这样一个难听的名字，但屎壳郎并不是眼里只有屎。它们是少数会照顾宝宝的昆虫，有的屎壳郎夫妇还会相伴一生！

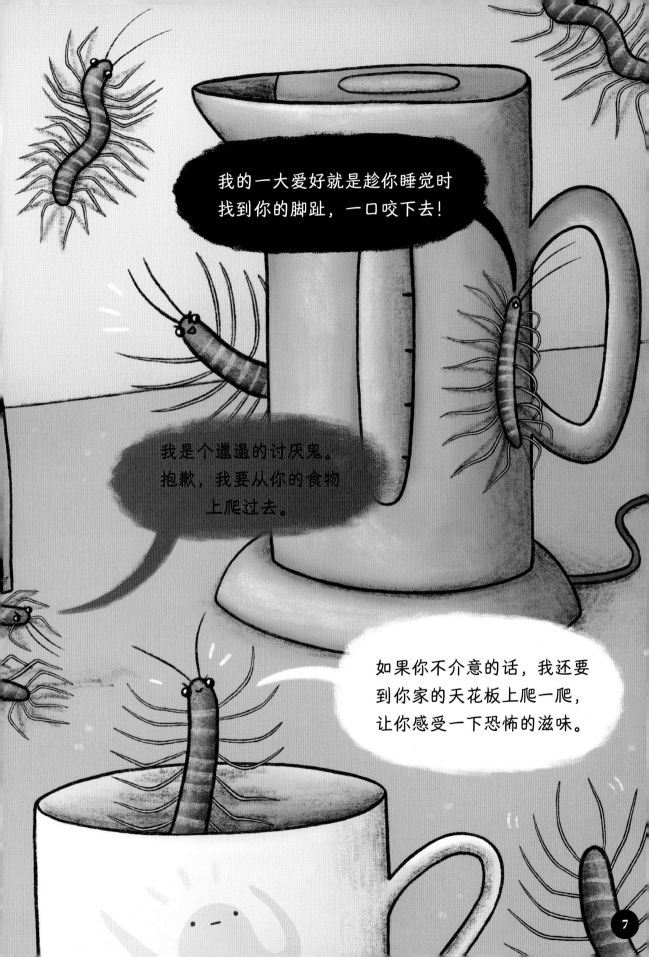

# 太愚蠢了!

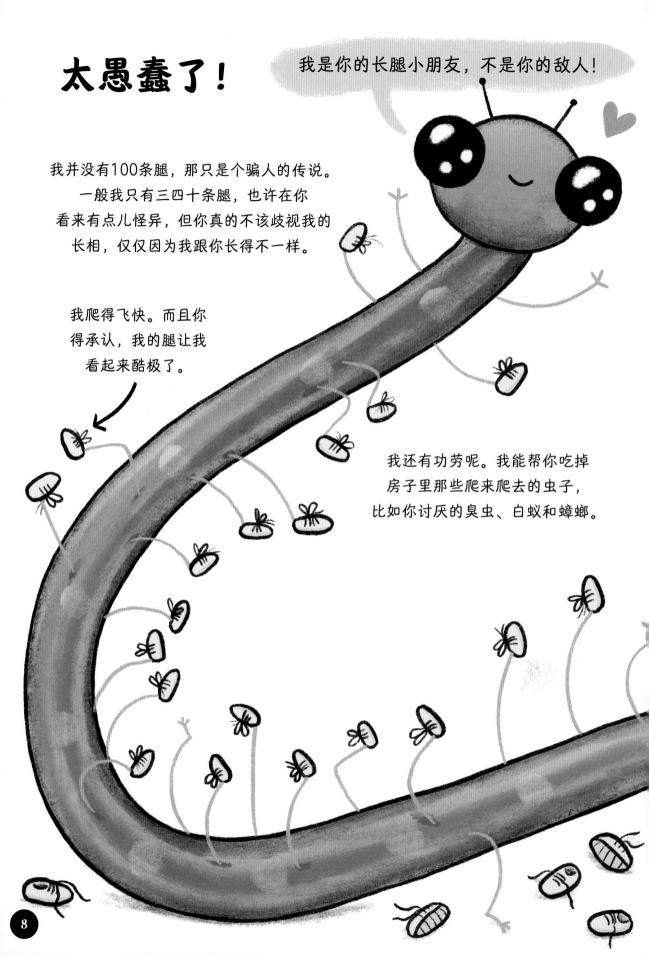

我是你的长腿小朋友,不是你的敌人!

我并没有100条腿,那只是个骗人的传说。一般我只有三四十条腿,也许在你看来有点儿怪异,但你真的不该歧视我的长相,仅仅因为我跟你长得不一样。

我爬得飞快。而且你得承认,我的腿让我看起来酷极了。

我还有功劳呢。我能帮你吃掉房子里那些爬来爬去的虫子,比如你讨厌的臭虫、白蚁和蟑螂。

# 真相：

* 世界上有大约8 000种蜈蚣。它们是地球上最古老的生物之一，最早出现于大约4.3亿年前！

* 蜈蚣分布在地球的各个角落，遍布热带雨林、森林，甚至炎热干燥的沙漠。

* 蜈蚣是捕食者，它们捕食其他生物。但它们也有天敌，所以它们会格外小心，避免沦为别人的晚餐！

* 虽然蜈蚣被称为"百足虫"，但并没有哪种蜈蚣正好有100条腿！少的有几十条，多的有几百条，不可思议！想想看，那得买多少双鞋呀！

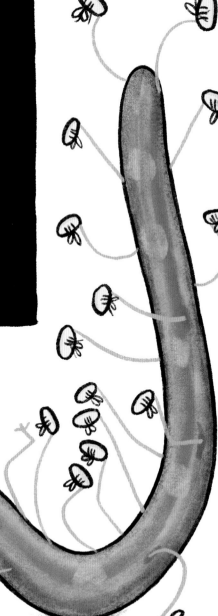

我一点儿也不邋遢！其实，我是一种很爱干净的小虫子，我花大把的时间清洁我那些可爱的腿，确保它们处于最好的状态。

我对人类基本无害。除非你抓我，否则我是不会咬你的。所以别来招惹我，我会是个完美的室友。

# 黏糊糊的怎么了？我是一只了不起的软体动物！

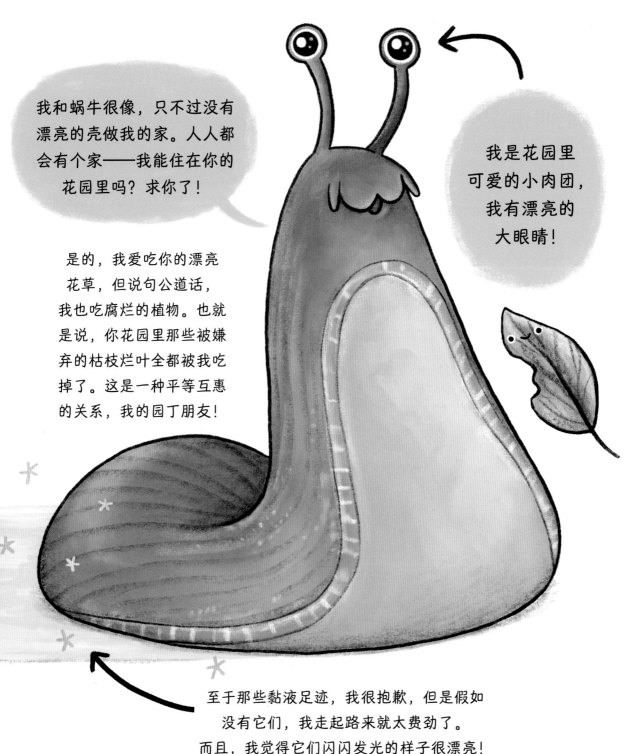

我和蜗牛很像，只不过没有漂亮的壳做我的家。人人都会有个家——我能住在你的花园里吗？求你了！

我是花园里可爱的小肉团，我有漂亮的大眼睛！

是的，我爱吃你的漂亮花草，但说句公道话，我也吃腐烂的植物。也就是说，你花园里那些被嫌弃的枯枝烂叶全都被我吃掉了。这是一种平等互惠的关系，我的园丁朋友！

至于那些黏液足迹，我很抱歉，但是假如没有它们，我走起路来就太费劲了。而且，我觉得它们闪闪发光的样子很漂亮！

作为园丁，你们必须明白，
我们腹足类动物（包括蜗牛）
是健康生态系统的一部分，
有利于花园的长远发展。

嘿，你好呀，
美女！

真相：

* 鼻涕虫嗅觉灵敏，它们用触角感知气味！它们还能循着黏液足迹的气味找到返回洞穴的路，或追随其他鼻涕虫找到好吃的植物。

* 鼻涕虫是杂食动物，它们会吃掉腐烂的叶子，把它们变成粪便排出来！这有利于土壤保持健康。

* 真难以置信，鼻涕虫能伸展至自身正常身长的20倍！这样它们就能吃到小缝隙里的食物了。

假如你肯花点儿时间了解我，
你就会发现我真的很迷人。
可以说，我就是一个裹着黏液的
"行走的肚子"。
（所以我叫"腹足类动物"。）

我们腹足类成员有各种漂亮的颜色，
有一种海蛞蝓长得就像小白兔！

做伸展运动，
我们是认真的！

大家好，你们可以
叫我"海兔"。

# 我是鮟鱇鱼

我是世界上最**丑**的鱼，
我潜伏在深邃阴暗的深海中。
这里太黑了，几乎什么也看不见。

等等，那是什么？
竟然有一条扭动着身体的
美味小虫子！
快来吃呀，小鱼宝贝！

我有一口参差不齐的大尖牙，
这样更方便咬你！

啊哈！那不是**虫子**！
是我轻轻颤动的、闪闪发光的
**诱饵**！你已经乖乖上钩了！

我是狡猾的深海大怪物，
毫无戒备的小傻鱼
就是我的晚餐！

我在这边？我在那边？
当我在黢黑的海水中
追赶你的时候，
你根本看不到我！

我会等着你经过⋯⋯

# 等一下！让我把这儿照亮，
# 给你看个清楚。

我想你会发现，
我其实是一种无比炫酷
的自然奇迹！

我不会追赶你的。
事实上，我游得很慢，
就算我想追你也追不上。

别再把我想象成可怕的大怪物
了！其实，绝大多数鮟 (ān)
鱇 (kāng) 鱼体形很小，通常
长度不到30厘米。所以真的没
那么可怕，对吗？

我只是一条小鱼，喜欢
我行我素，用我自己
独特的方式快乐地捕食。

我自带一根闪闪发光的诱饵，别羡慕我，不是人人都这么新潮。

我是独一无二的，我值得被赞美！

# 真相：

* 世界上有29种鮟鱇鱼，它们广泛分布于各大洋，生活于深海中。

* 只有雌性深海鮟鱇鱼的头上有特殊的发光诱饵。事实上，雄性鮟鱇鱼的体形要小得多，人们甚至发现，雄鱼会依附在雌鱼身上，它们倚仗雌鱼捕食。

* 鮟鱇鱼的诱饵能发光，是因为内部有腺细胞，它能分泌发光素，在光素酶的催化下，与氧进行缓慢的化学反应而发光。

* 鮟鱇鱼有一张巨大的嘴，能吞食猎物。科学家们发现，鮟鱇鱼能吞下比自己大1倍的猎物！它们真是大胃王！

我不会伤害你的，除非你是美味的鱼虾。你是吗？不是？很好，那我们做朋友吧！

别因为我长得丑就讨厌我——你不知道最重要的是**心灵**美吗？

我所见过的深海中的奇异景观是你们人类无法想象的。对我好一点儿，说不定我会带你们去找一种你们**从没见过**的鱼。

我动不动就装死，好吓你一跳。
我甚至会散发出恶臭，
嘴角挂着口水，这样更逼真。

我的皮毛又脏又乱，
还布满了臭虫和扁虱！

我有一条可怕的光秃秃的尾巴，
看起来很恶心。我就喜欢这样的尾巴！

# 大错特错!

我明明是个小甜心!
你怎么会不喜欢我呢?

我的皮毛一点儿也不脏。事实上,它既漂亮又干净。我很会照顾自己,如果有扁虱爬到我身上,我会马上把它清理掉!

如果你把食物留在户外,我**当然**会吃掉它。但我其实对人类很有益,因为我也吃扁虱之类的害虫。所以说,有我住在你的花园里不是坏事。

拜托了,我能留在这里吗?

## 真相:

\* 尽管长得像巨型啮齿动物,但事实上,负鼠是分布于美国和加拿大的有袋类动物。也就是说,它们和老鼠没什么关系,和袋鼠的亲缘关系倒是近得多。

\* 负鼠的尾巴适于抓握,所以它们可以把尾巴当成一条手臂来使用。它们靠尾巴倒挂在树枝上,甚至用尾巴抓东西。

\* 负鼠是夜行性动物,它们大多在夜间觅食。它们的视力实在是差,所以主要依靠嗅觉寻找食物。

\* 负鼠是一种友善的动物,但在受到威胁或遇到紧急情况时,它们会咆哮以便吓退敌人。有时它们也会装死,大多数动物不吃腐肉,因此会放过它们。负鼠保持装死的姿势甚至能长达4小时!

瞧啊，我的宝宝们依偎着我，多可爱。你难道不认为它们是最乖的吗？

我的尾巴棒极了！看，它能牢牢地抓住树枝。

当我走投无路或受到惊吓时，我可能会**装死**。但我这样做并不是想吓唬你，这只是一种防御机制！

你把我吓死了！别怕，我是闹着玩的！

虽然人人都说我不可爱，但你总不能光听人说就否定我吧。实际上，我是一种非常温柔、非常害羞的动物。

# 朋友，你错怪我们了！

事实上，斗牛犬是训练有素的狗，是人类忠诚的伙伴。

像我们这样的狗太容易被人误解了。我知道我们有时看起来凶巴巴的，但我们真的很可爱，试着了解一下我们吧。

我们可能是温柔友善的，
我们也可能变得凶恶。
这主要取决于，当我们还是小狗的时候，
你如何训练和养育我们。

如果主人对我们不好，我们就会变成坏狗。但如果主人善待我们，给我们许多爱和关心，我们就会变成乖狗！

这个家伙也可能爱叫爱咬人。

这个家伙也可能温柔惹人爱。

我不喜欢有铆钉的项圈，我喜欢**毛绒**项圈。

扔球吗？

# 真相：

* 许多大型犬名声不好，只是因为它们的长相或体形。这些被误解的狗包括斗牛犬、斯塔福斗牛梗、杜宾犬、阿尔萨斯犬、罗威纳犬等。其实，所有这些品种的犬都能成为理想的家庭宠物。

* 阿尔萨斯犬常被用作警犬，它们能协助警察打击犯罪。它们承担着重要的职责，根本无暇顾及人们怎么评论它们！

* 有些犬不喜欢陌生人靠近。所以，请尊重宠物，抚摸它们之前先征得主人的同意。

* 来自糟糕家庭的犬可以接受康复训练——它们只是需要爱。

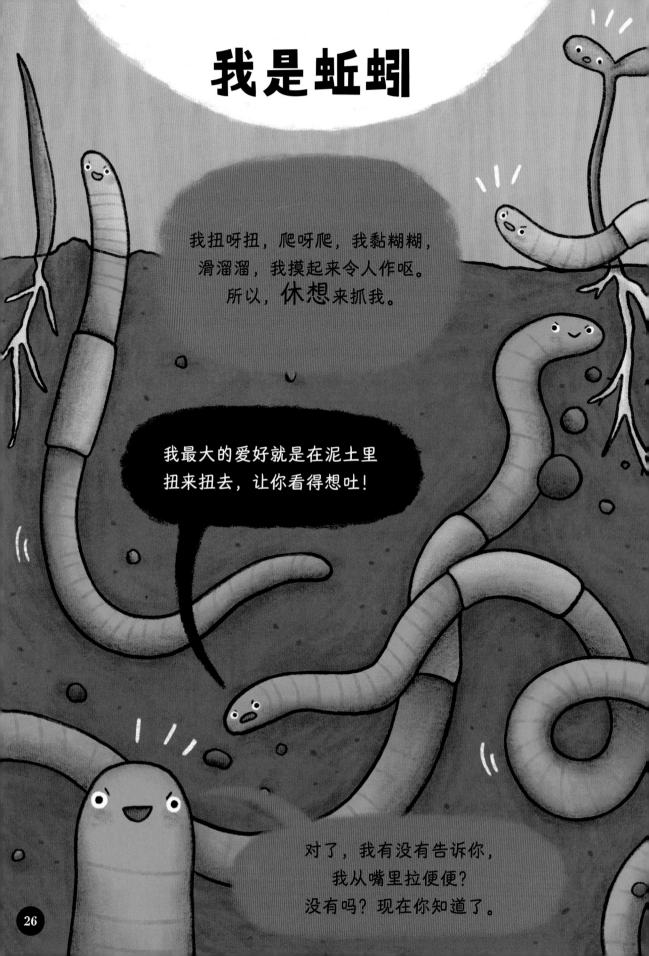

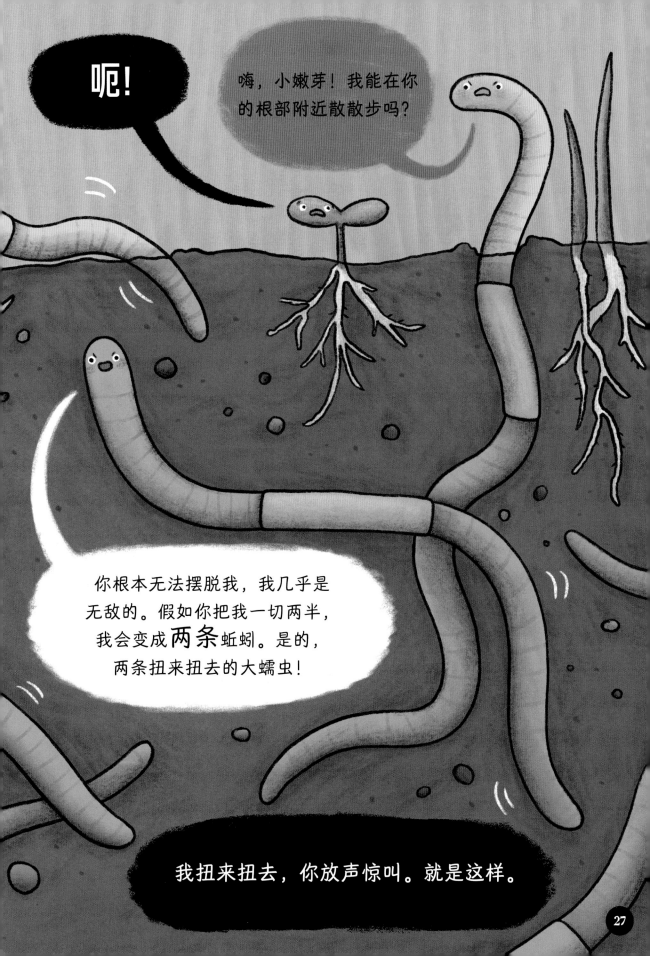

# 你们这些家伙太以貌取人了！

可爱的小动物们爱吃我，因为我**富有**营养，鲜美多汁！这对我是个威胁，但我能帮助世界保持运转，我**愿意**奉献！

是的，我整天扭来扭去，到处钻洞，但这是坏事吗？我**喜欢**这样！也许哪天你也可以试试，真的很好玩！

## 真相：

* 世界上有1 800余种蚯蚓，它们遍布除南极洲以外的所有大陆。蚯蚓和恐龙一样古老，它们在大约2亿年前出现！

* 蚯蚓对光极其敏感，如果在阳光下待得太久，它们可能会瘫痪。它们更喜欢幽暗舒适的地下，所以，如果你看到一条蚯蚓暴露在阳光下，一定要救救它，你可以把它挪到草地的阴凉处。

* 有些种类的蚯蚓有5个心脏！

* 澳大利亚有一种最长的蚯蚓——吉普斯兰巨蚯蚓。难以置信，它们的身体伸展时全长可达3米！假如你在自家花园里看到这样一条蚯蚓，你一定没法视而不见。

我是个书虫！阅读是最酷的。

事实上，我对你的花园极有好处。如果你够幸运，在你的花园土壤里发现了我，那说明你的整个花园都很健康。

谢谢你，蚯蚓朋友。

我才不会从嘴里拉便便，太**恶心**了！

如果你把我切成两半，我通常不会变成两条蚯蚓。说这种话的人太蠢了。所以，求你千万别在家尝试！

我粉粉的，很可爱。
我是一种简单的生物，
但这并不表示我不重要！

不好，一只乌鸫！
我还是快爬吧。

# 各位，我来告诉你们真相吧！

我不是真的龙。

我的名字里有"龙"字，但不是童话故事里的那种龙。我不能喷火，不会烧毁人们的村庄。我没有可怕的大翅膀，我也绝对绝对不会掳走公主。

我其实是一种蜥蜴，而且相当聪明。哦，别被我惊人的超大体形蒙蔽了，每当需要的时候，我会是一名非常**出色**的短跑选手。

我的嘴里的确有毒，但只有被我咬过的人才会中毒。

你最好离我的嘴远一点儿。毕竟没有谁是完美的！

哎呀！

我只有小的时候会爬树，因为长大后的我实在太大了。

# 真相：

* 科莫多龙是世界上最大的蜥蜴，身长可达3米。

* 科莫多龙十分罕见，野生科莫多龙只分布在少数几个岛屿上，比如印度尼西亚的科莫多国家公园和弗洛勒斯岛。

* 人们发现，科莫多龙会和人类玩拔河游戏，它们还对橡皮圈和鞋子感兴趣！

瞧瞧这胖乎乎的小爪子——多可爱！

我是食肉动物，这表示我喜欢吃肉。
没错，我是个凶猛的捕食者，
但我也经常吃已经死去的动物，这样做能清理环境。

# 我是猪

我又脏又臭，又懒又胖，我脾气坏，还很贪吃。我就喜欢在泥坑里打滚。

泥坑，泥坑，美好的泥坑！

我最喜欢浑身脏兮兮的，沾满烂泥巴。

34

你有没有听过这句话："吃起饭来像猪一样！"是的，这句话是从我这儿来的，因为我吃东西狼吞虎咽，把东西弄得一团糟，没有一点儿用餐礼仪！哼哼！

还有这么多泥坑可以滚，太棒了！

我还爱放屁！噗！

我的皮肤总是臭烘烘、汗淋淋的！

# 全是谣传！

我压根不出汗！

但我也热呀，事实上，给皮肤抹上泥巴能起到降温的作用。

## 真相:

* 人们认为，猪是世界上智力排名第4的动物，它们甚至比猫和狗还聪明！

* 猪妈妈会发出一种特别的尖叫，告诉刚出生的小猪宝宝，吃奶时间到了。小猪宝宝会记住这个声音，一听到叫声就奔向妈妈！

* 尽管猪在人们印象中总是脏兮兮的，但事实上，猪是一种很爱干净的农场动物。它们因为汗腺不发达，所以喜欢在泥坑里打滚，给它们的身体降温。

* 猪一点儿也不懒！它们总是呼哧呼哧地跑来跑去，一只成年猪1小时内能跑大约18千米！

滚泥坑很**有趣**！你没试过吗？那太遗憾了！

其实我特别爱干净（除了身上沾满泥巴）。我从不在窝边拉屎，总是跑到很远的地方拉。

我会发出可爱的哼哼声，我的鼻子湿乎乎的，很可爱，我还有卷卷的尾巴！

"吃起饭来像猪一样！"说这句话的人显然是从没见过猪吃饭。我们吃得又慢又仔细，就是这样。

我的脾气一点儿也不坏！我算是世界上最乖的动物了。想要一个抱抱吗？

世界上比小猪宝宝更可爱的东西可不多哟！

# 我是枪乌贼

我是个身材巨大、灰扑扑、软塌塌的深海**大面团**!

我会用屁股对着你喷黑墨汁,是的,用我的**屁股**。就因为我喜欢!

呃,放开我!

我浑身都是触手,腿就更多了,根本用不完!

# 你在开玩笑吧！

你怎么会认为我不漂亮呢？
我是极少数能瞬间**变色**的动
物。现在变成什么颜色呢，
黄色还是蓝色？让我想想，
让我想想……

我的确用我了不起的
触手抓鱼。你不也
用手拿起食物吗？
我可从没嘲笑过你！

是的，我有一双大眼睛，
可是，假如你认为它们
**不可爱**，那就是
胡说八道！

哦，天哪……

我相信，你会发现
我"可怕"的吸盘是
大自然的奇迹！

我有很多条触手，我用它们**捕食**！

我不会无缘无故地喷墨汁，通常我只是用这种方式来保护自己。它能迷惑敌人，这样我就能趁机逃命了！

# 真相：

＊　人类已知的枪乌贼大约有300种。它们是无脊椎动物（这表示它们没有脊柱），又是软体动物（也就是说，它们是蜗牛的亲戚！）。

＊　世界上最大的无脊椎动物是大王酸浆鱿，它们能长到12米以上。它们的眼睛有篮球那么大，大过任何一种已知动物的眼睛！

＊　除了喷射墨汁，枪乌贼还会利用伪装术或艳丽的图案来迷惑捕食者。有些枪乌贼甚至能变成透明的，使自己完全融入周围的环境中。

嘿，
深海表兄！

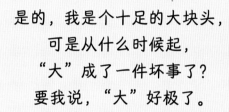

你看不到我，对吗？

是的，我是个十足的大块头，可是从什么时候起，
"大"成了一件坏事了？
要我说，"大"好极了。

# 我是海鸥

我是海边长羽毛的讨厌鬼，
我盯上你的薯条了。

我会像个怪物一样从天而降，
**偷走**你的海滨美食。

想在海边美美地打个盹儿吗？
没门！我会不停地尖叫，
**绝对**让你保持清醒。

# 朋友们，我真没那么坏！

我喜欢食物，如果你在海边给我喂食，就会把我搞糊涂。我怎么知道你什么时候不想给我吃美味零食呢？

我不是只吃薯条。我会自己捕鱼，还会吃掉那些被海浪冲上沙滩的小生物。

所以，是你先犯的错，你真的不该喂我薯条……它们很美味，但对我没好处。

我会跳一种美妙的踢踏舞，把沙滩里的蠕虫骗出来！那些蠕虫以为下雨了，于是全体钻出来看看是怎么回事。

他刚才说什么？

我想他说的是，他想和我们共进午餐！

# 真相:

* 海鸥遍布全世界。它们翱翔在繁忙的城市街道、蔚蓝的大海,甚至天寒地冻的北极和南极上空。

* 海鸥是极聪明的鸟,它们想出了许多觅食的办法。比如,它们会跺脚,模拟下雨的声音,把蠕虫骗到地面上来。它们还会把贝壳往岩石上扔,等贝壳摔碎了好吃里面的肉!

* 海鸥会利用丰富的叫声和动作与同伴沟通,它们还会非常细心地照顾自己的宝宝。

* 与绝大多数动物不同,海鸥喝海水不会生病!它们的鼻孔能过滤掉海水里的盐,然后摇摇头,再把鼻孔里的盐甩出去。

把我们扔进垃圾桶吧!

吃垃圾不好玩。请不要乱丢垃圾,这样我就不会吃了。

鸟屎落在头上会走好运!
鸟屎越多你就越幸运!
(还是越臭呢?)

# 简直蠢透了！

我是一只可爱的、害羞的、酷似史前动物的小龟！

我在水里非常怡然自得，但一爬上陆地就会变得脾气暴躁。我只是不喜欢走出我的舒适区！

我不像其他乌龟能把身体完全缩进壳里躲避危险，所以我必须时刻保持警觉。就因为这个，我有时看起来凶巴巴的，抱歉，我也只是在保护自己。

我是一位眼疾手快的小小捕食者。同时我也很**重要**，因为我有助于维持动物数量的平衡。

我是个有趣的小家伙！

# 真相：

* 鳄龟大多数时间待在水里，它们通常栖息在湖泊或池塘中。不过，它们会上岸，在沙质土壤中产卵。

* 鳄龟只能在水下进食，因为在水上不能完成吞咽动作。

* 鳄龟的舌尖有一条形似蠕虫的诱饵，它不停地蠕动，吸引鱼上钩，等它们游近了就一口咬下去！

嗨！

我妈妈生了30个蛋。

我生的蛋又小又圆。瞧啊，它们多可爱！

# 拜托，我明明是塔斯马尼亚小可爱！

我没有一丁点儿像恶魔。

## 真相：

* 野生袋獾（huān）生活在澳大利亚的塔斯马尼亚（真惊讶，真惊讶！）。它们是世界上体形最大的（或许也是最棒的）食肉有袋动物。

* 袋獾妈妈把她的小宝宝装进育儿袋，育儿袋能同时装下4只小袋獾。袋獾宝宝曾被人们称为"小恶魔"！

* 受累于这个不公平的名字，袋獾曾经遭到人类的疯狂捕杀。19世纪末，它们差点儿被人类赶尽杀绝。幸而在1941年，政府颁布了新的法律法规保护它们。

* 每天夜里，袋獾都要长途跋涉去觅食，最远要到16千米外的地方。

我承认，吃东西的时候我容易忘乎所以，但那只是因为我**太爱食物**了！

我很小，但我很有**活力**。我们小个子动物也要捍卫自己生存的权利——不要对我们指手画脚！

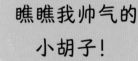

瞧瞧我帅气的小胡子！

我是个淘气的
小毛球！

我不会吃你的。我可能会咬你，
但那只是出于害怕。所以，
只要你和我保持一点儿距离，
我们就能相处得非常愉快！

我刚出生时
只有米粒
那么大。
换句话说，
我可爱极了！

我的叫声只是在
呼唤同伴。没有
什么可怕的！

JIARU DONGWU HUI TUCAO

| | |
|---|---|
| 出版统筹：汤文辉 | 责任编辑：戚　浩 |
| 质量总监：李茂军 | 助理编辑：王丽杰 |
| 选题策划：郭晓晨　张立飞 | 专家审定：陈　睿 |
| 版权联络：郭晓晨　张立飞 | 美术编辑：刘淑媛 |
| 责任技编：郭　鹏 | 营销编辑：李倩雯　赵　迪 |

著作权合同登记号桂图登字：20-2020-143 号


图书在版编目（CIP）数据

假如动物会吐槽：全 3 册/（英）索菲·科里根著绘；朱雯霏译. --桂林：
广西师范大学出版社，2023.1
书名原文：The Not Bad Animals
ISBN 978-7-5598-5637-1

Ⅰ．①假… Ⅱ．①索… ②朱… Ⅲ．①动物—少儿读物 Ⅳ．①Q95-49

中国版本图书馆 CIP 数据核字（2022）第 217430 号


广西师范大学出版社出版发行

（ 广西桂林市五里店路 9 号　邮政编码：541004 ）
（ 网址：http://www.bbtpress.com ）
出版人：黄轩庄
全国新华书店经销
北京利丰雅高长城印刷有限公司印刷
（ 北京市通州区科创东二街 3 号院 3 号楼 1 至 2 层 101　邮政编码：101111 ）
开本：787 mm × 1 092 mm　1/16
印张：11　　字数：110 千字
2023 年 1 月第 1 版　　2023 年 1 月第 1 次印刷
定价：88.00 元（全 3 册）

如发现印装质量问题，影响阅读，请与出版社发行部门联系调换。

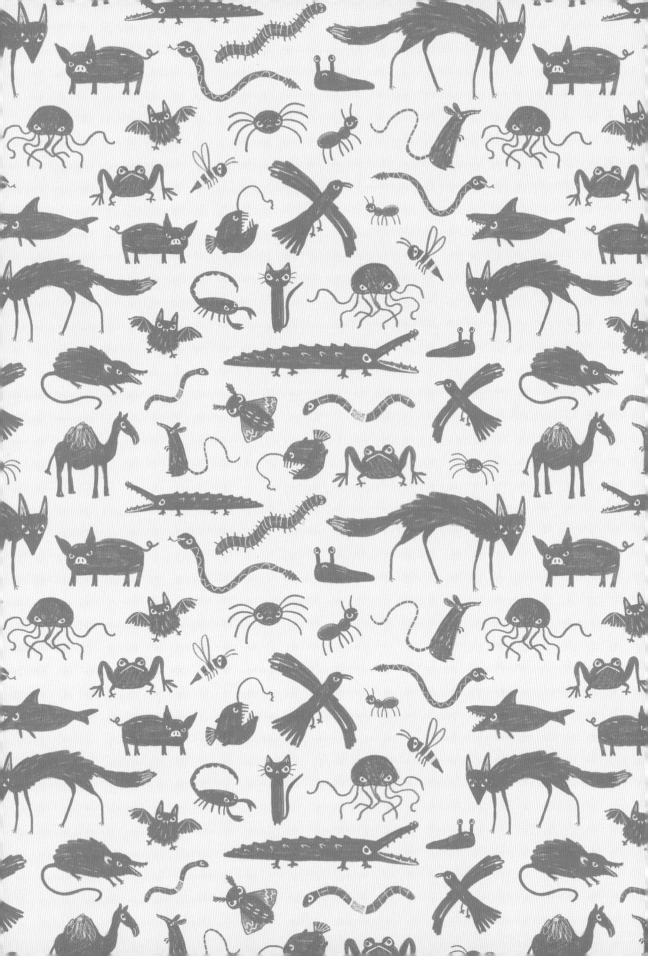